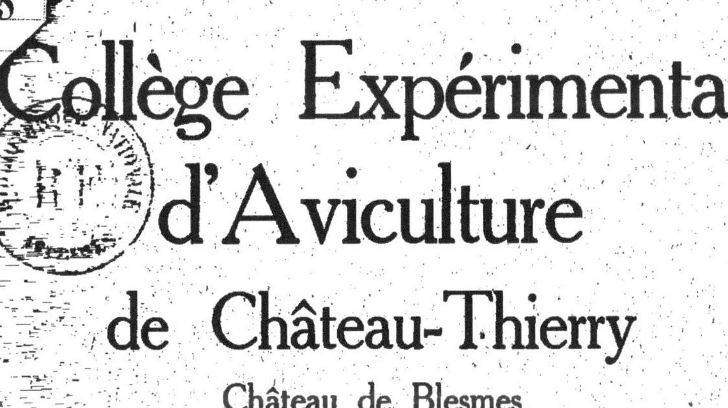

Collège Expérimental d'Aviculture de Château-Thierry

Château de Blesmes

Cours Complet
par correspondance

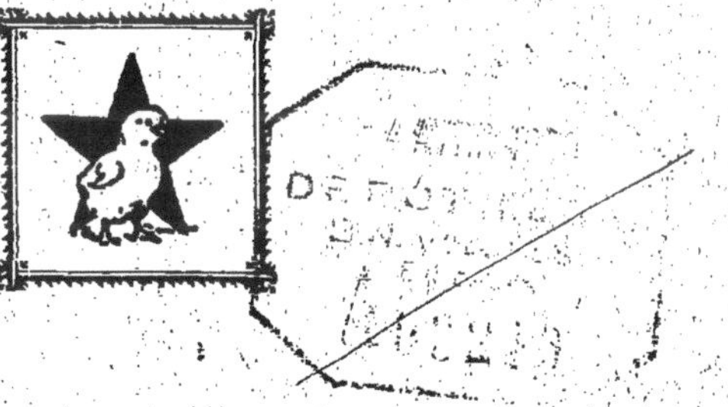

Vingt et unième Leçon

Collège Expérimental d'Aviculture de Château-Thierry

Château de Blesmes

Cours Complet

par correspondance

Vingt et unième Leçon

21me Leçon

L'Industrie du Canard

NOTIONS GENERALES

L'industrie du Canard est une industrie jeune chez nous. Non pas que des essais n'aient été tentés ces dernières années, mais non sur une base industrielle. Nous verrons au cours de cette leçon qu'il est possible de faire de cette exploitation une affaire de grand rapport, présentant sur celle de l'exploitation de la pondeuse l'immense supériorité de nécessiter moins de capitaux et de s'accommoder de terrains moins choisis.

L'industrie du canard se divise en deux parties qui n'ont que peu de points communs : l'exploitation du canard pour la chair d'une part ; celle de certaines races de canes pour la ponte d'autre part.

Nous ne parlons pas, bien entendu, de l'exploitation des canards de fantaisie puisque ces questions sportives ne sont pas du domaine de notre cours.

GENERALITES SUR LE CANARD

Le canard appartient à la famille des Anatidés, genre Lamellirostre. Son cou est moins long que celui du cygne, moins long que celui de l'oie. Son corps est généralement trapu, volumineux, peu élevé, monté sur des pattes courtes placées très en arrière. Cette position de pattes donne à l'oiseau sur terre une apparence lourde, gauche : le canard ne montre ses avantages que sur l'eau. Le bec et la patte ont une conformation particulière. Ce qui distingue le canard des autres palmipèdes est le bec.

Le bec est rarement plus long que la tête, ordinairement droit, légèrement bombé à sa surface, ayant à son extrémité un angle ; garni sur ses bords d'une rangée de lames saillantes dont celles du bec supérieur entrent dans celles du bec inférieur ; revêtu d'une peau molle, excepté les bords durs, dans laquelle se répandent des ramifications de la cinquième paire de nerfs, et par cela sensible à un haut degré. Le bec est encore très perfectionné par la grande langue charnue et sensible qui n'est cornée qu'à ses bords, où elle frange et se dentelle, et elle forme un filtre parfait qui donne la possibilité de séparer même le plus petit morceau de nourriture des matières non comestibles qui l'entourent.

De la constitution de ce bec découle les procédés d'alimentation des canards.

La patte est celle des palmipèdes, c'est-à-dire que trois doigts sont reliés entre eux par une membrane utilisée pour la natation. Cette membrane prend le nom de palme.

Le plumage est lisse. Les plumes, grandes et moyennes recouvrent un duvet très recherché.

Les ailes sont fortes, longues et pointues. Le canard sauvage est un excellent voilier. Une espèce domestiquée, le canard de Barbarie possède encore à un haut degré la puissance primitive du vol.

La queue est différente suivant les races : tantôt courte et large, tantôt arrondie, tantôt pointue. Elle est formée de quatorze à vingt pennes.

Dans les espèces unicolores, la livrée du mâle ne se distingue pas de celle de la femelle. On établit la différence des sexes au cri :

celui de la femelle est éclatant et précipité, avec une accentuation de vitesse et une marche descendante dans la gamme. Celui du mâle est plutôt un soufflement qu'un cri : le son est étoffé, grave et répété à intervalles réguliers. Dès le jeune âge, ces différences sont perçues par les personnes expérimentées.

On établit également la différence des sexes à la présence, chez le mâle, de petites plumes recourbées vers l'avant, au-dessus de la queue, à l'extrémité du corps.

LE CANARD GRAND PRODUCTEUR DE CHAIR

Le canard est omnivore, c'est-à-dire qu'il mange de tout. Il digère très rapidement et demande par conséquent un fort volume de matières alimentaires. Sans obliger à un très grand choix d'aliments, son exploitation exige donc de grosses quantités de nourriture. Comme il est l'oiseau de basse-cour qui s'élève avec le plus de facilité, croît le plus rapidement parce qu'il est un merveilleux utilisateur de nourriture, son exploitation pour la chair peut être très profitable si l'on peut se procurer à bas prix des aliments de volume (drèches, pommes de terre, racines, etc...) et des aliments concentrés (tourteaux, farines animales, etc...)

Cette industrie demande donc, pour réussir, des conditions particulières et l'on ne devra pas se lancer dans cette spéculation sans une mûre réflexion.

LES RACES DE CANARD POUR LA CHAIR

Les races de canard exploitées pour la chair sont les suivantes :
Le canard de Rouen clair ;
Le canard de Rouen foncé ;
Le canard de Pékin ;
Le canard d'Aylesbury ;
Le canard de Barbarie.

LES CANARDS DE ROUEN

Le canard de Rouen est originaire, comme son nom l'indique, de la Normandie. Il est répandu dans tous les pays du monde car il joint les qualités pratiques au côté sportif.

Le canard de Rouen est en effet l'un de nos plus beaux oiseaux de basse-cour. Il fait le décor d'un étang lorsqu'il glisse majestueusement sur l'eau et que le soleil se joue dans ses magnifiques couleurs.

Il est dispensateur d'une chair qui ne le cède en rien à aucune autre race de canard.

On distingue deux sortes de canards de Rouen : le Rouen clair et le Rouen foncé. Tous deux proviennent de sélections opérées sur le canard commun.

LE CANARD DE ROUEN CLAIR GARRY

Le canard de Rouen clair a subi, dans son standart, des modifications importantes. Sélectionné, créé pourrait-on dire, par un aviculteur Français de grand talent, M. René Garry, de Rue-sur-Somme, il est merveilleux de couleur, de forme, d'aptitudes.

Son poids à 8 semaines, atteint 3 kgr, et des adultes pèsent jusqu'à 5 kgr. La longueur du Rouen clair Garry atteint très communément 90 cm. de l'extrémité du bec à celle des orteils. Sa croissance est rapide. Les femelles sont bonnes pondeuses de gros œufs. La fécondation est bonne mais nécessite de l'eau. En effet, les accouplements, faciles dans une mare ou un ruisseau sont pénibles sur la terre ferme.

Le Rouen clair Garry a été obtenu par une régénération du canard commun par le canard sauvage dont il a conservé la livrée. On devine quelle patience, quels efforts son créateur a dû déployer pour en faire les mastodontes qu'il nous montre dans les expositions.

Ce canard si volumineux et si lourd est d'une vivacité incroyable, d'une robustesse excellente qu'il doit tenir de son ancêtre, le canard sauvage.

A la naissance, le mâle ressemble à la femelle. Il ne s'en distingue que vers l'âge de 2 mois à 2 mois et demi.

Peu à peu la livrée d'adulte se forme, les oiseaux répondent alors au standart suivant établi en 1924 par MM. le Docteur Ramé et René Garry. Adopté par la Commission des Standards et le Conseil de la S.F.E.P. dans sa séance du 29 mai 1923. Homologué par la Fédération Nationale des Sociétés d'Aviculture de France le 7 novembre 1923.

FORME GENERALE

Le canard Rouen clair doit rappeler le magnifique *col vert.* Cette race qui est avant tout une race productive de chair, doit être d'une taille très allongée et très développée, la largeur se combinant avec la longueur.

MALE

Forme ....Très allongée, très dégagée, d'une belle ampleur (la longueur est la qualité maîtresse du Rouen Clair) ce qui lui conserve une élégance relative malgré sa taille. La ligne doit être relevée de l'avant, il se présente avec inclinaison nette de haut en bas et d'avant en arrière.

Tête et cou.....Vert avec collier blanc nettement délimité sur le devant et entourant à peu près les 4/5e du cou, sans gris dans le vert.

Œil ....Pupille noire. Iris très grand, d'un brun très foncé.

Bec ....Jaune, d'une teinte légèrement verdâtre, sans raie noire longitudinale médiane.

Plastron ....Rouge marron, avec liséré blanc à l'extrémité de chaque plume.

Ventre ....D'un gris clair passant au blanc sans atteindre toutefois le dessous de la queue qui est noir.

Dos ....Dessus gris perlé, plus foncé que les flancs.

Miroir de l'aile. .Bleu violet à reflets brillants bien limité au-dessus et au-dessous par un liséré blanc.

Flancs ....Gris perle sans mélange de plumes marron.

Croupe ....Dessus noir brillant.

Plumes de la queue ....D'un gris blanc, garnies de quelques plumes frisées et retroussées en crosse d'un noir brillant (attribut extérieur du sexe mâle).

Pattes ....Jaune orange.

Poids ....3 kilos 500 à 4 kilos.

Longueur idéale Du bout du bec à l'extrémité de la queue (cou étendu) 0 m. 90.

FEMELLE

Forme ....Mêmes caractères pour la forme, la ligne générale, la tenue, que pour le mâle.

Œil ....Pupille noire. Iris d'un brun très foncé.

Bec ....Jaune ocré (légère transparence verdâtre).

Ailes ....L'aile doit comporter aussi le miroir du mâle avec ses reflets brillants.

Sourcil ....Le dessus de l'œil présente une légère courbe presque blanche, obligatoire, formant le sourcil. Sur la joue une autre ligne blanche allant de l'œil à la naissance du bec.

Poids ....3 kilos à 3 kilos 500.

Plumage ....Le fond du plumage doit être de ton isabelle clair et mat pour chaque plume du dos, des flancs et du ventre. Chaque plume du dos doit présenter sur ce fond isabelle une marque brune en fer à cheval, ou plus exactement de la forme d'un chevron légèrement arrondi à l'intersection des deux traits qui s'ouvrent en V. Le dessous du bec, le devant du cou sont de couleur plus pâle (nuance crême et s'étendant pas trop bas sur la poitrine).

DEFAUTS — MALE

Manque de type Manque d'ampleur et de longueur.
Manque de poids.

Bec ....Tâché de noir vert.

Tête ....Gris dans le vert.

Collier .... Irrégulier, trop étroit ou trop large, complètement fermé à l'arrière. Interrompu en un point autre qu'à l'arrière du cou.

Port .... Horizontal.

Plastron .... Sans liséré, d'un rouge uniforme, mélange de plumes rousses sur le flanc et sur le dos.

Queue .... De travers.

Miroir .... Mal liséré, miroir trop étroit, manque de miroir.

Poitrine .... Blanc sous forme de raie ou de plaques.

DEFAUTS — FEMELLE

Bec .... Manque de type. Pointillé noir, vert, une selle régulièrement plus foncée que la couleur du bec est tolérée.

Port .... Horizontal.

Tête. .... Absence de sourcils.

Poitrine .... Lavée de blanc.

Plumage ...... Eviter les nuances chaudes, les teintes rousses, les plumes blanches dans le vol, le pointillé sur les plumes (poivré). Les grandes plumes du vol, au-dessus du miroir, ne doivent pas être lavées de blanc.

Miroir .... Mal liséré, miroir trop étroit, manque de miroir.

Poids .... Manque de poids.

Arrière .... Traînant.

ECHELLE DE POINTS

Volume (longueur, largeur et poids)........	35
Type	20
Tête et bec (marques et couleur)..........	10
Plastron	10

Couleur générale	10
Collier	5
Condition	10
Total	100

LE CANARD ROUEN FONCE OU ROUEN ANGLAIS

Le Rouen foncé est comme son cousin le Rouen clair le résultat d'une sélection ayant pour point de départ le Rouen commun et probablement le Canard de Duclair, proche parent du précédent.

Voici le standart du Canard Rouen foncé :

« La tête longue et forte, devra être d'un beau vert foncé, » bien brillant sans aucun mélange de gris ou de noir, le cou est » de la même nuance jusqu'au demi-collier d'un blanc pur qui le » coupe en haut de la poitrine. L'œil est brun foncé. Le bec doit » être vert, sauf la petite protubérance cornée, dénommée onglet, » qui est noire. Les vrais amateurs n'admettent pas d'autres nuan- » ces, le jaune ou le jaune verdâtre est rejeté ; le bec devient » souvent jaune-orange en vieillissant et les jeunes mâles ont le » bec noirâtre jusqu'à trois mois. Quand il perd sa livrée d'amour, » le mâle a parfois le bec envahi de légères tâches noires qui » disparaissent à la mue suivante. Aussitôt après le demi-collier » blanc, la poitrine prend une belle teinte marron, uni sans trace » de liséré blanc, cette teinte forme un plastron large et long qui » s'arrête à peu près à la naissance des épaules et descend assez » bas, comme l'indique notre gravure. Le reste de la poitrine, le » ventre et les cuisses doivent être uniformément gris perlé. Il ne » faut pas admettre de coloration blanchâtre qui pourrait se pro- » duire sur les flancs et dans le voisinage de la queue qui doit être » foncée et au-dessus de laquelle quelques petites plumes, de » même nuance, se recourbent en frison. Le dos et les reins sont » noirs à reflets verts, la teinte devient grise en se rapprochant » des ailes dont les grandes plumes, près de l'épaule, sont gris » foncé, presque brun, les petites plumes de l'aile sont gris de » cendre, les grandes plumes du vol sont de même nuance, enfin » les plumes supérieures de l'aile en couverture forment ce qu'on » appelle le miroir, c'est-à-dire une large bande bleue à reflets

» métalliques, très régulièrement bordée en avant et en arrière d'une » ligne blanc d'argent précédée elle-même d'une bande noire de » peu de largeur ; ce miroir est du plus joli effet. Les pattes sont » rouge-orange.

» Pour la conformation du mâle, nous allons en emprunter la » description à M. Ramé, qui s'exprime ainsi : « Premier et principal » mérite : le volume. Un sujet, même régulier de couleur, est » imparfait s'il manque de taille. Un beau Rouen non engraissé, » peut peser neuf livres et ce poids peut être atteint même par des » jeunes de l'année, à la condition toutefois que la pesée soit faite » en novembre ou en décembre, car au printemps les mâles se » fatiguent auprès des femelles ; à ce moment, ils maigrissent » beaucoup... La moyenne comme poids est de huit livres, dans » tous les cas sept livres est un minimum. La longueur doit s'allier » au volume. Le mâle que j'ai actuellement sous les yeux, mesure » 90 centimètres du bout des pattes à l'extrémité du bec, l'oiseau » étant tenu la tête en bas, le cou allongé. La patte sera recherchée » plus longue que courte, elle doit être forte, un peu grosse. En » effet, les jeunes acquérant très tôt un poids de quatre à cinq » livres, les sujets à pattes minces fléchissent nécessairement vers » l'âge de trois mois et deviennent souvent paralysés. Le cou est » assez long, la station horizontale, c'est-à-dire que l'animal ne » doit pas être renversé en arrière, comme le canard de Pékin, ni » tenir la gave pendante, comme cela s'observe chez les vieux » sujets.

» La cane a le bec brun foncé, indemne de tâches noires et » liséré de vert foncé sur les bords ; à l'extrémité, il est marqué » d'un trait noir comme chez le mâle, le dessous du bec est brun » foncé. Le tête est brun foncé sur le dessus et plus clair sur les » côtés, un trait horizontal, brun très foncé, barre les joues et tra- » verse l'œil qui est brun comme chez le mâle. Le cou ne présente » pas de traces de collier.

» L'ensemble du plumage est brun noisette, les amateurs pri- » sent surtout une nuance mixte, ni trop sombre, ni trop claire. » M. Paul Monseu, un aviculteur Belge fort distingué, exige les » caractères suivants de la femelle type : la poitrine, l'abdomen et » les épaules sont couverts de plumes dont le liséré est brun noi- » sette, suivi d'une bande elliptique brun très foncé, noirâtre, puis » d'une bande brun noisette et le milieu brun très foncé ; plus la » plume est grande, plus le dessin est beau et apparent. Le milieu

» peut être marqué alors de trois ou quatre rayures brun noisette.
» Les plus belles plumes sont celles des épaulettes et du milieu de
» la poitrine. Dans les plumes plus petites comme celles du ventre
» et des cuisses, le dessin est moins visible. Le dos à partir des
» épaules vers la queue, est de moins en moins dessiné et plus
» foncé. Le dos et les reins paraissent brun foncé à distance. Les
» ailes, sauf les épaulettes, sont gris foncé et marquées comme
» chez le canard. Les miroirs sont moins brillants. On doit éviter
» aussi le blanc dans les grandes plumes de l'épaule et de l'aile.
» La queue est brun foncé, marqué de brun légèrement plus clair.
» Les pattes sont jaune-orange. »

Certes l'Eleveur d'utilité sera moins exigeant que ne l'est ce standart : il s'efforcera surtout de conserver la taille et le poids des sujets, sans employer une consanguinité trop proche afin de conserver la robustesse, sans laquelle il n'y a ni fécondation ni élevage facile.

LE CANARD DE PEKIN

Plus rustique que le Rouen Anglais et l'Aylesbury, le canard de Pékin est l'oiseau préféré des manufacturiers américains. Sa croissance est rapide et la cane est bonne pondeuse.

Le Canard de Pékin est blanc-crème. Cette teinte jaune se reproduit avec fixité.

A l'encontre du canard Aylesbury, son port est oblique, c'est-à-dire que l'arrière-train rase la terre tandis que l'avant-train se relève. Plus l'oiseau est droit et crême et plus il a de valeur.

Très rustique, d'élevage facile, plus précoce que le Rouen et l'Aylesbury, sa chair est excellente et ne justifie aucun reproche.

Les premiers exemplaires introduits en Europe ont été introduits en Belgique en 1870 par M. Von Der Snickt, alors Directeur du Jardin Zoologique de Gand. Ces animaux venaient de Chine. Ils étaient très crême et portaient une petite crinière relevée sur l'arrière du cou. Ce caractère ne se rencontre plus que très rarement.

Le Canard de Pékin a une tête différente de celle de l'Aylesbury : bec court de couleur orange, front haut. Le cou est long et fort ; dos large, poitrine forte et profonde. Les pattes, de couleur orange, sont placées à l'arrière du corps. La queue est relevée.

La cane diffère peu du mâle. La queue est moins relevée. Elle pond de 120 à 150 œufs sans interruption. La cane ne couve pas. Les œufs éclosent au bout de 28 jours d'incubation.

Les canetons de Pékin naissent ayant le corps imprégné d'une matière exsudative qui forme, au contact de l'eau, une carapace collante qui les tue rapidement. En conséquence, il faut absolument éviter que les canetons aillent à l'eau ou sous la pluie et dans la rosée. En un mot, il faut les tenir absolument au sec. Si par accident ils se mouillaient, il faudrait les sécher rapidement devant un bon feu.

La reproduction, plus encore que pour les autres races de canards ne peut se faire que dans l'eau : ceci à cause de la conformation particulière de leur corps qui les oblige à la station oblique.

La race de Pékin a un inconvénient. L'on sait que les canards en général sont très facilement pris de peur panique, soit à la perception d'un bruit insolite, soit à la vue d'une personne ou d'un animal dont ils n'ont pas l'habitude, soit sans cause apparente. Plus que les autres races, les Pékins ont cette aptitude à la frayeur et il est bon de ne rien faire qui puisse les troubler : la croissance s'en ressentirait fatalement.

Le canard de Pékin est celui qui est le plus généralement adopté dans les fermes de canards américaines ; c'est celui qui donne le plus de satisfaction par la ponte des canes, nécessaire pour fournir assez d'œufs pour l'incubation, par la rusticité, par la croissance rapide des canetons.

Voici les poids moyens obtenus dans une ferme à canards de New-England (Amérique), suivant les différents âges (Elevage industriel) :

Poids à la naissance	:	1 ½ onces
— à 2 semaines	:	14 —
— à 4 —	:	2 livres
— à 6 —	:	4 livres 1/8
— à 8 —	:	5 livres 1/2
— à 10 —	:	7 livres 1/2

En Amérique, la plus grande partie des fermes à canards se trouvent à Long-Island.

LE CANARD AYLESBURY

Le canard Aylesbury est en Angleterre ce que le Pékin est en Amérique et le Rouen en France : un canard national.

Il mérite la vogue dont il est l'objet. L'origine du canard d'Aylesbury n'est pas parfaitement connue. Il est possible qu'il soit comme le Pékin, originaire de Chine. Les Chinois font en effet un grand élevage de canards.

Ce canard doit son nom au district anglais d'Aylesbury où il en est fait un élevage tout spécial.

La ponte de la cane atteint presque celle de la cane de Pékin ; les œufs sont plus gros, de 80 à 110 grammes.

Le canard d'Aylesbury est plus fragile que le Pékin dans le jeune âge ; il est un peu plus précoce que le Rouen.

L'Aylesbury a le corps horizontal, long et volumineux. Il peut mesurer 90 cm. de la pointe du bec à l'extrémité des orteils, égalant ainsi la taille des Rouen. Son plumage est entièrement d'un blanc pur, sans teinte jaune comme le Pékin, mais à reflets argentés. Lorsque l'Aylesbury ne va pas à l'eau, son bec est souvent jaune, mais lorsqu'on lui donne l'accès d'une mare, cet organe prend une teinte blanc-rosé.

La tête doit être forte, droite et longue ; l'œil est foncé, le bec long, large et droit, formant une ligne presque droite avec le sommet du crâne. La longueur totale du bec et de la tête du canard est d'environ 16 cm.; celle de la cane de 14 cm. La couleur du bec est blanc rosé, couleur chair.

Le cou est long, assez fort, bien proportionné comme épaisseur avec le corps. La poitrine est pleine et profonde ; le sternum ou bréchet bien droit, fort, formant une arête bien régulière de la poitrine à l'abdomen. Les dimensions doivent être aussi volumineuses que possible.

Le canard adulte devra mesurer 0 m. 90 du bout du bec au bout des doigts, quand il sera allongé sur le dos sur une table ; il pèsera de 4 kilos à 4 kilos 500. Une cane mesurera 0 m. 88 dans les mêmes conditions et pèsera de 3 kilos 500 à 4 kilos. On jugera le mérite d'après le poids et la longueur.

Le plumage doit être d'un blanc pur sans tâche. Le mâle possède toujours quelques plumes roulées au-dessus de la queue ; chez le mâle comme chez la femelle, le plumage est soyeux, ayant l'apparence et le brillant du satin.

Les tarses et pieds sont forts, épais, d'ossature lourde et disposés de telle façon que le corps possède une position parfaitement horizontale, leur couleur est orange vif.

LE CANARD DE BARBARIE

Le canard de Barbarie est appelé aussi canard d'Inde à cause de son origine sud-américaine (Indes Occidentales). On prétend que son introduction en Europe remonte à Christophe Colomb.

On le nomme également canard muet, car il ne pousse aucun cri. Le mâle produit un simple sifflement, plus faible que celui du jars.

Le canard de Barbarie est surtout répandu dans des régions du Midi : Garonne, Haute-Garonne, Aude, Ariège, Tarn, Hérault, Gard, Ardèche.

La chair du canard de Barbarie est excellente et rose. Pour lui éviter le goût de musc assez prononcé que les vieux canards exhalent, il faut, aussitôt tués, lui enlever la tête et le croupion.

Mais ce canard est surtout employé à la production des mulards. Les mulards sont les hybrides obtenus en croisant le Barbarie avec le Rouen. Le Barbarie étant ardent et prolifique, ces accouplements sont très féconds. Le mulard est, comme les hybrides, infécond ; on ne pratique donc que les croisements à la première génération ou croisement industriel : Les produits obtenus ne sont pas mis en reproduction.

Le mulard est employé, à cause du volume et de la qualité de son foie, à la fabrication de foies truffés d'une goût exquis et inégalable.

LE LOGEMENT

On ne doit pas faire cohabiter les canards et les autres volailles de la ferme. Il faut, si l'on veut réussir, commencer par séparer les différentes espèces de volatiles : La gent galline doit avoir son département particulier, les canards le leur également. Il faut, en un mot, rompre avec toutes les habitudes fermières.

Le canard n'est pas difficile sur la question du logement : Dans l'enclos réservé aux canards, une cabane rustique en planches de 15 à 18^{mm} d'épaisseur, assemblées à l'aide de couvre-joints, est tout ce qu'ils demandent pourvu que la façade soit largement ouverte, que la lumière et l'air entrent constamment à flots, que le sol soit surélevé, sec et garni d'une litière sèche de paille ou de feuilles.

La cabane aura sa façade largement ouverte jusqu'à 0 m. 80 du sol : Du sol à 0,80, elle est faite de planches pleines. Les petits bâtiments peuvent avoir leur toit à simple pente. Les grands bâtiments, destinés à contenir de grandes quantités de canards sont préférés si leur toit est à double pente ; ménagez des ouvertures pour une puissante aération : Cheminées d'appel, etc... Entretenez dans le logement un air très pur, ce qui est plus difficile que si l'on tient des poules.

Le canard est peu sensible au froid, grâce à son plumage chaud et serré. En été on peut parfaitement les laisser coucher dehors, sous un tas de fagots, de branchages ou sous un abri rudimentaire.

Par conséquent peu de dépenses dans la confection des abris.

Les parquets coûteront aussi moins cher que ceux des poules : Les clôtures ne devront pas dépasser un mètre au-dessus du sol (les Barbaries devront être entravés ou éjointés). Les canards ont très peur des rats ; il faut donc éviter que ces rongeurs s'introduisent dans les parquets ; le grillage sera à mailles de 25^{mm}, il sera enterré, avec un repli vers l'extérieur, à angle droit, à 25 cm. de profondeur. La partie supérieure fera bavolet, et surtout... on aura un ou plusieurs chiens ratiers qui leur feront constamment la chasse aux heures où les canards sont enfermés dans leur cabane.

Ces parcours doivent être doubles, vastes, herbeux ou boisés.

INCUBATION

L'incubation des œufs de cane est différente de celle des œufs de poule. Non pas que les conditions fondamentales en soient changées : Leur application pratique seule est différente. Ces différences ont trait à :

la durée de l'incubation,
le degré thermique d'incubation,
l'hygrométrie.

INCUBATION NATURELLE

L'incubation peut être faite à l'aide de poules couveuses ou de dindes.

Nous ne reviendrons pas sur les procédés à employer pour l'incubation naturelle, qui sont presque les mêmes pour l'incubation d'œufs de poules ou de canes. On portera cependant attention à ce que tous les œufs mis en incubation se tiennent sous la poule (choisir des poules de gros volume), à ce que tous les œufs soient retournés chaque jour. Pour s'assurer que tous les œufs sont retournés, marquez-les suivant un diamètre transversal, de deux signes différents et faites les retournements à la main si les œufs sont trop lourds pour que la poule puisse le faire elle-même. Veillez à ce que les environs du nid soient très humides à la fin de l'incubation, car l'éclosion des œufs nécessite beaucoup d'humidité. Mouillez les œufs avec un linge trempé dans l'eau tiède, à 38°, chaque jour après le 24ᵉ jour.

Le mirage des œufs de cane est un peu plus difficile que celui des œufs de poule : Opérez-le avec un bon mire-œufs électrique, mire-œufs que nous vous conseillons pour les œufs de toute espèce d'oiseaux.

Ce mirage est fait le 6ᵉ ou le 7ᵉ jour. — Les œufs clairs sont cuits dur et conservés pour les canetons.

INCUBATION ARTIFICIELLE

Comme l'incubation naturelle, l'incubation artificielle dure de 28 à 30 jours, sauf pour les œufs de Barbaries.

Si l'on veut tirer un excellent parti des canetons vendus pour la chair, on devra s'attacher à présenter sur le marché des canetons au moment où les fermes n'en ont plus à vendre. On devra faire des incubations d'automne, d'hiver et de début de printemps. La couveuse est donc de toute nécessité.

Nous ne répèterons pas ce que nous avons dit dans notre leçon spéciale sur l'incubation artificielle.

Il est évident que les œufs ne doivent pas être mal récoltés, ni mal conservés. Les œufs de canes, s'altèrent plus vite que les œufs de poules. La durée de leur conservation ne doit pas excéder 5 jours. De plus, les œufs de canes supportent plus mal le transport que les œufs de poules et pour cette raison, on devra toujours préférer l'achat de reproducteurs ou de canetons à celui d'œufs, à moins que l'on soit près de l'établissement vendeur et que l'on puisse transporter les œufs dans des conditions particulièrement favorables.

Choix des reproducteurs. — Comme pour le choix des reproducteurs de l'espèce galline, les canes et canards doivent être sérieusement choisis. Nous verrons ultérieurement sur quels points on devra veiller dans le choix particulier des reproducteurs destinés, soit à faire de la ponte, soit à faire de la chair.

En général les reproducteurs seront purs de race, sains, vigoureux, de croissance très rapide.

Comme pour les poules, on préfèrera les reproducteurs de plus d'une année. Mais à l'encontre des règles établies jusqu'ici, on pourra conserver les canes pendant 5 ou 6 années. Les meilleurs résultats seront obtenus par l'emploi de canes et de canards de 2, 3 et 4 ans.

Le nombre de canes à donner à un canard est très variable suivant les races :

3 canes pour un canard en Rouen clair, Rouen foncé, Aylesbury, Pékin,
4 à 5 canes pour le Barbarie,
6 à 8 pour les canards de ponte.

Ces nombres doivent être un peu diminués en hiver, légèrement augmentés au moment de la grande ponte (printemps et été).

L'acte de fécondation se fait plus facilement dans l'eau que sur terre: Les reproducteurs devront donc en avoir à leur disposition, exception faite dans des cas spéciaux (Khakis Campbell par exemple, qui sont presque aussi bien fécondés sur terre que dans l'eau ; mais même dans ces cas spéciaux, l'eau est préférable).

Les canes pondent généralement le matin. Aussi ne doit-on pas les laisser se baigner avant 10 heures du matin, afin que leurs œufs ne soient pas perdus. On peut ménager dans leurs parquets de petits abris cachés où les canes iront pondre en toute tranquillité.

Pratique de l'incubation artificielle. — Si l'on désire se procurer un revenu, des rentrées d'argent certaines, l'incubation artificielle doit absolument être préférée à l'incubation naturelle. On prévoit dans l'industrie un rendement. Il est impossible de prévoir un rendement, si ce rendement est subordonné aux caprices de poules ou de dindes couveuses.

Degré thermique. — Les œufs de cane sont incubés à une température inférieure à celle demandée par les œufs de poule. La première semaine, la température doit être de 38 à 38°5 centigrades.

La deuxième semaine, la température doit être de 38,5 à 39° centigrades.

La troisième semaine, la température doit être de 39°.

La quatrième semaine, la température doit être de 39 à 39°5.

Les œufs de cane sont plus fragiles que ceux de poule. Non seulement on doit les manier avec plus de précautions, mais encore il faut absolument éviter de leur faire subir une température trop haute : La couveuse doit être munie d'une excellent régulateur. Un demi-degré en plus est la limite que l'on ne doit pas dépasser et à laquelle il ne faut pas stationner. De plus, veillez à ce que, les derniers jours, les œufs ne soient plus refroidis. Il vaut mieux marcher à une température un peu basse (nous ne vous conseillons pas les derniers jours de la maintenir en-dessous de 39,5) et ne pas refroidir. En effet, l'œuf est volumineux, et à cause de son volume, reprend plus lentement sa température normale. Plus les œufs sont gros, et plus on devra veiller à ce que la température normale soit reprise après les mirages, les retournements, les refroidissements.

Mouvements à imprimer aux œufs. — Ces mouvements sont les mêmes que ceux à imprimer aux œufs de poules : Leur retournement et leur changement de place sur le tiroir.

Mirages. — On mire le 7e ou le 8e jour. Le mirage décèle les germes vivants exactement comme s'il s'agissait d'œufs de poules : Le germe vivant flotte dans l'œuf, suivant en cela les mouvements du jaune ; les faux germes se décèlent par un point noir collé à la coquille, ou un cercle sanguin ; les œufs clairs gardent l'apparence des œufs frais tout en devenant légèrement troubles.

Les mauvais œufs se gâtent excessivement rapidement et dégagent une odeur infecte. Ils provoquent la pourriture de ceux qui sont dans leur voisinage. On doit donc les ôter à la suite de mirages successifs : On les recherchera les 14e et 24e jour, mais on les ôtera encore chaque fois que, à l'ouverture de la couveuse, votre odorat sera affecté par leur odeur. Dans leur recherche, l'odorat peut être

Une salle d'élevage pour canetons, en Amérique

d'un grand secours, de même que le toucher : Tout œuf qui sent mauvais ou qui est un peu plus froid que les autres est à éliminer.

Veillez à ce que le thermomètre soit toujours au contact d'un œuf bien vivant, afin que ses indications ne soient pas faussées.

Hygrométrie. — Les œufs de cane, comme ceux de poule, doivent couver dans un bain d'air pur. Mais nous avons vu que plus l'aération est intense et plus l'évaporation de l'œuf est forte. Si l'aération est trop forte, il faut évidemment y remédier par un apport plus grand d'humidité, puisque cette humidité est un frein apporté à l'évaporation. Dans la bonne pratique il s'agit donc de trouver un juste milieu : Aération suffisante pour que l'œuf soit dans l'air pur ; mais pas trop forte afin d'éviter l'apport anormal d'humidité. En effet, plus il y a d'humidité dans l'air de la couveuse et moins il y a d'oxygène ; et le manque d'oxygène est un mal plus grand que tous les autres : Aération moyenne, hygrométrie moyenne, beaucoup d'oxygène, voilà les conditions de réussite.

Nous ne voulons pas dire que l'humidité ne soit pas nécessaire. Il en faut. Il en faut plus à la fin de l'incubation qu'au début ; encore faut-il veiller à ce que les œufs ne soient pas brutalement exposés, le premier jour d'incubation, dans un air sec.

Dans la pratique, voici ce qui vous donnera les meilleurs résultats : Avant de mettre vos œufs dans la couveuse, humidifiez moyennement (60° à l'hygromètre à mercure). Maintenez cette humidité pendant les 15 premiers jours d'incubation, puis à partir de ce 15e jour, mouillez vos œufs à l'aide d'un vaporisateur de toilette, en employant de l'eau à 39° environ. Ce, jusqu'au bêchage. Vous imitez ainsi la cane qui, à partir du 15e jour environ, se baigne et revient, mouillée, se poser sur ses œufs.

N'ouvrez plus ensuite, mais maintenez 70-75° à l'hygromètre.

Ainsi la chambre à air ne se développera pas trop rapidement; le caneton trouvera la place qu'il lui faut et les membranes de l'œuf (feuillet interne et feuillet externe), ne deviendront pas dures, parcheminées : Le caneton pourra sortir de l'œuf. Vous aurez moins de mortalité en cours d'incubation et moins de morts en coquilles.

N'ouvrez plus la porte de la couveuse lorsque vous avez constaté que l'éclosion est proche, mais lorsque vous le faites pour la dernière fois, placez les œufs de façon que la partie bêchée soit au-dessus.

L'éclosion dure de 12 à 24 heures. Lorsqu'elle est terminée, enlevez les coquilles et laissez les canetons dans la couveuse, à 38 °, 38° 5, pendant 24 heures.

SALLE D'ELEVAGE ET PARQUETS

La salle d'élevage pour les canetons diffère peu de celle destinée aux poussins. L'Eleveuse au charbon convient aux canetons pendant les 15 premiers jours de leur existence, mais celle au pétrole est ensuite nécessaire afin de ménager des transitions enlre le régime de chauffage et celui de non chauffage.

On peut aussi n'employer que les éleveuses à pétrole et dans ce cas la salle froide du bâtiment d'élevage peut être supprimée.

La salle d'élevage doit être aérée, pas trop ensoleillée : Il vaut mieux que les rayons du soleil n'y pénètrent pas directement. Une serre serait la négation du bon sens. Le sol sera, pour les jeunes canetons, de terre. Nous préférons que cette terre repose, en une couche de 4 à 5 cm. sur un plancher de bois ou un sol de béton, afin, que les rats, très friands de canetons, ne puissent y pénétrer. Les clôtures des petits parquets auront 0 m. 70 de haut, de sorte qu'on pourra les enjamber facilement, de nombreux abris naturels et artificiels y seront aménagés afin de préserver les canetons du soleil. Un caneton, qui dort au soleil, est un caneton en grand danger de mort : Si l'issue fatale ne se produit pas le jour même, elle aura lieu le lendemain ou le surlendemain.

Aucune mare, aucun trou où l'eau pourrait séjourner, ne sera laissé dans les parquets, car les jeunes ne doivent pas se mouiller : L'humidité leur est pernicieuse. Pour la même raison, ils ne devront pas courir dans l'herbe mouillée.

ELEVAGE DES CANETONS

Elevage naturel. — L'élevage naturel ne peut être qu'un élevage familial. Encore nous devons dire que partout où ce sera possible, on devra employer les moyens artificiels. Les recommandations que nous avons données pour l'élevage naturel des poussins sont également à mettre en pratique pour celui des canetons.

Elevage artificiel. — Nous désirons attirer votre attention sur les points suivants :

1° — Température de l'éleveuse.
2° — Le nombre de canetons à mettre par éleveuse.
3° — Les premiers repas.
4° Les précautions spéciales.
5° — L'alimentation.
6° — Le petit matériel.
7° La propreté et l'hygiène.

Température de l'éleveuse. — Lorsque nos canetons sont restés 24 heures dans la sécheuse, nous les transportons sous leur éleveuse chauffée à 30°. On descendra progressivement de un degré par jour, de façon que les canetons puissent se passer de chauffage à la fin de la 3e semaine. Par temps froid la diminution de la température de l'Eleveuse se fera sur une échelle d'une semaine plus longue.

On aura cependant soin de leur continuer le chauffage nocturne pendant quelques jours.

Nombre de canetons par Eleveuse. — La capacité des éleveuses est donnée dans les catalogues des vendeurs, en nombre de poussins : Eleveuses pour 50, 100, 150, 250, 500, 1.000 poussins. Il convient lorsqu'il s'agit de canetons, de diviser ces chiffres par 3 ou 4.

Les grandes agglomérations de canetons sont donc plus difficiles à réaliser que pour les poussins. Dans bon nombre de fermes à canards d'Amérique, les salles d'élevage à canetons sont des bâtiments dont le toit est à double pente ou semi-monitor. Un couloir central court dans le sens de la longueur, de petits parquets pour une cinquantaine de canetons chacun, sont aménagés de chaque côté du couloir. Le chauffage est donné par des tuyaux dans lesquels circule de l'eau chaude ou de la vapeur. Les compartiments sont inégalement grands et inégalement chauffés, les plus petits et les plus chauds sont réservés aux canetons les plus jeunes ; les bestioles passent d'un compartiment à un autre au fur et à mesure qu'elles avancents en âge.

Nous voyons très bien un élevage de canetons posséder une grande salle d'élevage ainsi divisée, contenant des éleveuses au pétrole de 200 poussins, abritant chacune une cinquantaine de canetons.

Les premiers repas. — Le caneton montre généralement plus de

Abris contre le soleil pour canetons

difficulté que le poussin pour apprendre à manger. Il est maladroit : Parfois il donne des coups de bec fermé sur sa nourriture ou n'y touche pas. On les habitue très bien à manger en leur jetant des vers de terre sur leur pâtée qu'ils prennent simultanément, puis en joignant à leur nourriture quelques morceaux de vermicelle. On peut aussi mettre avec eux quelques poussins de quelques jours qui leur montrent l'exemple. Au bout de quelques repas, les canetons savent manger.

Les précautions spéciales. — Ces précautions, dont nous avons parlé, concernent l'ombre des parquets et la préservation des rayons directs du soleil dans la salle d'élevage, la suppression de toute mare, ruisseau, etc... Les canetons pourront aller à l'eau à l'âge de 18 à 20 jours, mais nous ne devons pas oublier que s'ils n'y vont pas, ils pousseront sensiblement plus vite.

L'alimentation. — Notions générales. — Ce que nous avons dit au sujet général de l'alimentation des gallinacés est également vrai pour les palmipèdes. Mais des différences s'imposent fatalement quant au choix des aliments. Le canard étant un gros mangeur, il ne s'en suit pas qu'il doive être nourri avec des aliments pauvres, car aucun animal ne peut faire des os, de la chair, des plumes, de la graisse, des œufs, sans une quantité suffisante de matières nutritives... Le nourrir pauvrement serait courir au-devant d'un échec absolu ; ce serait courir au-devant de la ruine.

Mais cependant vu les quantités de nourriture que le canard peut absorber, et surtout sa grande faculté de digestion et d'assimilation — qui a naturellement une limite, les matières non digérées passant directement dans les fientes, — il est important de rechercher une bonne alimentation à bas prix. Cette recherche devra s'appliquer aux éléments azotés, qui sont les plus chers.

La farine de viande, celle de poisson ne peuvent pas être rejetées.

Mais on pourra en diminuer les quantités et en remplacer une partie par du sang frais ou desséché, des limaces, des escargots écrasés, des os verts broyés. Un bon broyeur à os est nécessaire, mais nous devons vous dire que ces broyeurs, quand ils sont à bras, sont d'un maniement bien pénible, et comme pour peu que votre exploitation soit importante, un moteur vous sera nécessaire. Préférez toujours le travail mécanique : achetez un broyeur à moteur.

Utilisez également les restes de viande d'équarrissage, la viande de cheval, etc.

Utilisez les tourteaux, après en avoir calculé le prix de l'unitié nutritive. Le tourteau de cacao peut vous rendre de précieux services. Employez les drèches sèches si vous pouvez les avoir à bon compte et sans grands frais de transport.

Comme graines, retenez que celles de légumineuses sont très riches et que, broyées, elles peuvent entrer dans la composition des pâtées.

Employez comme grains l'avoine, le maïs, le sorgho, le dari.

Faites enfin un grand usage de verdures hachées. Ne négligez pas l'emploi du foin sec haché gonflé dans l'eau bouillante.

L'alimentation est une suite de distributions de repas humides alternant le plus souvent avec celles de grains. Les pâtées doivent être franchement mouilleées mais non collantes, non présentées sous forme de pâte agglutinante. Les grains doivent avoir macéré dans l'eau pendant 12 ou 24 heures et être mis dans des augettes où ils baignent dans l'eau de macération. Des abreuvoirs seront placés à proximité des augettes, car les canards, après avoir absorbé une gorgée de pâtée voit boire un peu d'eau : ce n'est qu'un va-et-vient continuel entre la nourriture et la boisson.

L'alimentation pendant la période d'Elevage. (Ration d'Accroissement). — Les canards reçoivent vers leur 24e heure de vie un peu d'eau dégourdie, puis leur premier repas est donné quand ils ont 36 heures. Ces premiers repas, donnés toutes les 3 heures environ, sont composés de mie de pain rassis emmietté fin, une partie en mélange avec de la farine d'avoine, une partie d'orge, une partie de son, une partie et un sixième de sable fin. Le sable, préservateur des indigestions, ne devra jamais être omis. On pourra délayer cette pâtée dans du petit lait. Vers l'âge de 4 jours, on pourra faire entrer dans les pâtées de la farine de poisson (1/4), des tourteaux de coprah (1/2), des farines d'avoine blûtée, d'orge, du son. Les farines entières ,c'est-à-dire contenant la balle de grain, ne sont pas données avant l'âge de 3 semaines ; les farines de végétaux ne le sont pas avant l'âge de 15 jours. Nous avons toujours constaté de la mortalité lorsque nous avons voulu contrevenir à ces prescriptions.

L'œuf frais battu dans la proprotion de 5 à 10 % de la ration, l'huile de foie de morue à raison de 2,5 à 5 %, sont du plus heureux effet.

Retenons que les principales affections qui rendent parfois difficile l'élevage du caneton, sont la diarrhée, les vers intestinaux et la faiblesse des pattes dégénérant parfois en arthrite. On prévient ces affections en incorporant aux pâtées :

1° Du riz cuit ;
2° De la verdure, du charbon de bois, de l'oignon haché, du lait caillé ;
3° Du phosphate de chaux, des matières minérales.

Lorsque nos canetons ont une huitaine de jours, au mélange précédemment décrit ajouter :

Verdures hachées 3 parties ;
1 partie de brisures de riz broyées ;
1/4 de lait caillé si possible ;
1 partie d'os vert broyé.

Mais on supprimera la mie de pain et on doublera la quantité de farine de poisson et de son.

La pâtée est ainsi constituée :

Verdure 3 parties ;
Brisures de riz 1 partie ;
Os verts broyés 1 —
Farine d'avoine 1 —
Farine d'orge. . 1 —
Son. . . . . 2 —
Sable. . . . . 1/6 —
Coq. d'huîtres. 1/5 —
Charbon de bois 1/5 —
Tourteau de coprah 1/2 à 1 partie ;
Sable. . . . . 1/6 —

Ce mélange est donné humide 3 fois par jour. Terminez le soir par un repas de maïs concassé baignant dans l'eau, dans lequel il a macéré 12 heures.

Enfin quand les canetons ont trois semaines et courent dans les prairies, on peut remplacer une ou deux parties de verdure hachée, par leur poids de pommes de terre que l'on fait cuire et que l'on écrase.

Les canetons sont ainsi conduits jusqu'à l'âge de huit semaines, sans que la production de la plume ne soit forcée. Le squelette est bien développé et le canard y a groupé des muscles et non de la graisse.

Vous avez pu, avons-nous dit, laisser aller vos canetons à l'eau à partir de 3 semaines. Si vous le faites, veillez à ce que, les premières fois, ils n'y restent que très peu de temps car, n'y étant pas habitués, ils peuvent être atteints de crampes ou de crises subites de rhumatismes.

Le petit Matériel. — Le petit matériel destiné aux canards n'est pas coûteux : pas de trémies ni d'abreuvoirs à râteliers : des auges ouvertes sur le dessus, en métal ou en fibro-ciment, facilement nettoyables et imputrescibles. La taille de ces auges est proportionnée à l'âge des sujets : de 0 m. 06 de large, avec des bords de 0 m. 03 de haut, elles mesurent jusqu'à 0 m. 30 de large avec des bords de 0 m. 15.

La Propreté et l'Hygiène. — L'hygiène doit être parfaitement respectée. Les ustensiles doivent être lavés chaque jour. Les logements ou canardières seront tenus très proprement. Comme ils ne comprennent jamais de perchoirs, les canards couchent soit sur une litière de paille (jeunes), soit sur des claies mobiles très rapprochées (à partir de 5 semaines). Ces claies sont posées sur des chevrons placés sur un pavé de ciment, incliné, lavable. Elles sont lavées au balai chaque jour et sur le dallage on fait couler de l'eau. Cette eau est évacuée au dehors. Aucun courant d'air ne vient refroidir les canards lorsqu'ils sont sur les claies.

Les mêmes précautions que pour les gallinacés s'imposent : Désinfection du sol, désinfection des logements, etc.

ELEVAGE DU 2e AGE

Lorsque nos canetons sont âgés de huit semaines, ils peuvent être vendus. On peut également les engraisser à partir de 7 semaines. L'expérience de chacun peut seule dire s'il y a avantage ou non ; mais cet engraissement doit être poussé rapidement.

L'engraissement des canetons se fait soit librement (engraissement libre), soit aux pâtons ou à la gaveuse.

Dans l'engraissement libre, les canetons ne vont plus à l'eau s'ils y ont été déjà. Ils sont tenus à l'étroit dans les parquets où on

Le transport de la nourriture dans un important Elevage Américain, de canards de **Pékin**

leur donne des pâtées de farine d'orge, de sarrazin et de petit-lait. On peut avantageusement y joindre 10 % de farine de viande.

Continuez le repas de maïs macéré (50 gr. par tête), le soir.

La relation nutritive de la ration est alors de 1 : 6 dans la première période, pour aller à 1 : 8 à la fin de la période d'engraissement.

Aux pâtons, la pâtée est présentée sous forme d'une masse plus dure ; à la gaveuse, le mélange est liquide. Ce dernier mode est peu employé et nous préconisons l'engraissement libre.

SOINS SPECIAUX A DONNER AUX CANETONS DESTINES A FAIRE DES REPRODUCTEURS

Les canetons destinés à faire des reproducteurs sont traités d'une toute autre façon que ceux devant faire des pièces de table. Ils doivent avoir de grands parcours et dès l'âge de 8 semaines, ils n'ont plus qu'un seul repas de pâtée par jour, le matin. On y ajoute 1 à 2 % de soufre en poudre (fleur de soufre) pour que les plumes se fassent normalement. Les repas de maïs sont remplacés par des distributions d'avoine macérée ou non suivant l'état des fientes.

Retenez que les canetons sont très difficiles au sujet de leur nourriture : Veillez à ce que les changements d'alimentation soient faits d'une façon très lente : Tout changement *visible* dans la composition et dans la couleur de la pâtée, tout changement brutal de grains amènent l'inappétance complète.

L'ALIMENTATION DES REPRODUCTEURS

Les canes ont ceci de particulier que l'intensité de leur ponte ne décroît pas aussi rapidement chaque année que celle des poules. Mieux, la ponte de seconde année est souvent meilleure que celle de la première. Les canards de deux et de trois ans sont meilleurs reproducteurs que ceux d'un an. Accouplez vos sujets de façon que canes et canards ne soient pas de même âge.

Donnez aux reproducteurs un repas de pâtée le matin et le soir un repas d'avoine. L'eau pure en abondance est nécessaire pour la boisson, et aussi, pour les races lourdes surtout, pour le bain. En effet, les accouplements réussissent généralement mieux sur l'eau que sur la terre ferme. Mais ne laissez aller vos canes à l'eau (mare ou ruisseau) qu'après 10 heures du matin car, les canes pondant presque uniquement avant cette heure, les œufs seraient perdus.

LE SACRIFICE

Pour tuer les canards, on les prend d'une main par les pattes et de l'autre par le cou. On exerce une traction brusque et simultanée sur les deux extrémités en tordant le cou. Les vertèbres sont désarticulées. Il n'y a plus qu'à saigner, ce que l'on fait en ouvrant la veine temporale ou en l'égorgeant. Le canard est alors plumé, vidé et troussé. Le duvet du cou est généralement conservé. Les canards sont posés sur le dos, côte à côte, une planche chargée est placée sur leur ventre.

UN ETABLISSEMENT INDUSTRIEL SPECIALISE POUR LA PRODUCTION DU CANARD DE TABLE

La production du canard de table est une spéculation qui peut être, dans certaines conditions, très rémunératrice. Comme pour la création d'un Etablissement ayant pour but la production du poulet de table, il faut envisager tous les facteurs desquels le succès dépend : Le lieu de l'exploitation, la race, la vente.

L'exploitation doit être faite à proximité d'un grand centre, et l'on devra s'efforcer d'y trouver des aliments à bon compte. La race la meilleure est celle de Pékin, car les canes pondent abondamment, ce qui donne le maximum d'œufs pour l'incubation, et les canetons poussent au maximum. Enfin la vente devra avoir lieu, non aux Halles, mais directement aux consommateurs : Hôteliers, restaurateurs, particuliers. Le succès est à ce prix.

CREATION DE L'ETABLISSEMENT

Trois grandes divisions dans cet établissement : Les reproducteurs, l'Elevage et la mise en condition, le renouvellement de ces reproducteurs.

Les Reproducteurs. — Les reproducteurs sont groupés par groupes de 20 canes et de 5 canards renouvelés chaque semaine, afin que la fécondation soit bien assurée. Comptez qu'une reproductrice vous donnera par an 100 œufs utilisables et que de ces 100 œufs vous tirerez 50 canetons. Si vous désirez produire 6.000 canetons, il vous faut donc 120 reproductrices en 6 parquets. Ces parquets sont pourvus d'eau courante ou renouvelable à volonté.

Donnez au reproducteur 30 m2 de terrain par tête en parquets doubles.

Le Renouvellement des Reproducteurs. — Comptez que vos canes produiront des œufs à couver en 2e, 3e, 4e années de ponte. Vous devez par conséquent renouveler le tiers de votre effectif chaque année, c'est-à-dire que vous devez en élever 40. Forcez ce chiffre en le portant à 60, afin de pouvoir faire des sélections et parer à la mortalité éventuelle. Ces 60 canes sont choisies dès l'âge de 7 semaines : Ce sont les plus précoces en même temps que les plus fortes, les mieux charpentées. De 7 semaines jusqu'au moment où vous conservez les œufs pour l'incubation, faites-en deux à trois groupes, donnez-leur la possibilité de s'ébattre dans l'eau, sous les couverts, tamis, etc. Agissez de même avec les mâles conservés (30 au moins). Ne faites pas couver les œufs avant que les canes en aient pondu une cinquantaine.

Il vous faut donc au minimum trois parquets supplémentaires.

L'Elevage et la mise en condition. — Ici, nous devons adopter les méthodes en usage outre-Atlantique, c'est-à-dire grouper les sujets dans la mesure du possible afin d'éviter les frais de main-d'œuvre et l'importance du capital en exploitation.

Notre lot de reproduction nous donne une moyenne de 12.000 œufs à incuber par an, comptez un peu plus de 30 par jour. Faites deux incubations chaque semaine, de 120 œufs chacune, dans des couveuses de 150 œufs de poules. Comme les incubateurs sont occupés pendant 5 semaines, y compris le temps de désinfection, il vous faut 10 appareils.

Si votre exploitation est plus considérable, vous aurez intérêt à employer un mammouth horizontal. Enfin si vous devez mettre chaque fois en incubation un nombre d'œufs beaucoup plus élevé, des mammouths verticaux peuvent être adoptés.

Vous aurez intérêt à adopter la grande salle d'Elevage industrielle. Elle sera divisée en 8 compartiments de 3 m. $\times$ 3 m. avec couloir à l'arrière. Chacun des compartiments contiendra une éleveuse à radiateurs d'eau chaude et toutes ces éleveuses sont reliées à une chaudière « Idéal ». Les corrections de température peuvent être efficacement faites dans chacune des salles d'Elevage.

Cette grande poussinière aura donc 24 m. de long sur 4 m. de profondeur.

Son sol sera en béton bien sec, lavable à grande eau, recouvert d'une épaisse couche de terre facilement remplaçable.

Enfin des parquets de 3 m. de large sur une cinquantaine de mètres de profondeur seront aménagés devant le bâtiment.

Nos canetons sont ainsi conduits jusqu'à 4 semaines, quoiqu'ils n'aient plus besoin d'être chauffés après 3 semaines lorsque le temps est beau.

A la suite de la poussinière prévoyez des bâtiments séparés de 4 m. × 4 m., avec parquets doubles de 20 m2 par tête, limités au fond par un ruisseau ou une pièce d'eau. Comme vos canetons y restent jusqu'à 10 semaines et qu'ils en ont 4 lorsque vous les y logez, il vous faut 12 cases semblables. Le dernier jour de leur vie seulement, vous permettez aux canards d'aller à l'eau afin qu'ils lavent leurs plumes et que vous puissiez en tirer un meilleur parti.

Cette plume, de très grande valeur surtout quand elle est blanche, vous donnera un supplément de profits très appréciable. Si vous ne faites que de l'Elevage familial, inspirez-vous des données ci-dessus. Ne faites qu'une ou que quelques couvées, mais séparez nettement les âges, avec, pour les deux cas, cette exception qu'un sujet très ou peu développé peut avantageusement être mis d'une case supérieure ou inférieure.

UN ETABLISSEMENT INDUSTRIEL SPECIALISE POUR LA PRODUCTION DES ŒUFS DE CANE

La production des œufs de cane est très séduisante parce que les grandes pondeuses sont tout aussi prolifiques que les meilleures poules, parce que les frais d'installation sont beaucoup moins onéreux que pour les gallinacés : Frais de chauffage réduits, plus grande longévité utile des pondeuses (les canes pondent très abondamment pendant 5 années), clôtures de 1 m. au-dessus du sol, bâtiments qui, sans être rudimentaires, coûtent bien moins cher. Bref, ces avantages sont tels que les petites bourses peuvent envisager leur installation avec une sérénité plus grande et avec moins de risques et autant de profit. La seule question qui puisse se poser en obstacle est celle de la vente. Les œufs de cane, même ceux des races qui en donnent de semblables, à s'y méprendre, à ceux de poule, doivent être vendus comme tels : Dans le cas contraire il y aurait tromperie sur la nature de la marchandise vendue et des sanctions pénales pourraient être prises. Recherchez donc la clientèle des pâtissiers et des restaurateurs.

L'ŒUF DE CANE EST SUPERIEUR A L'ŒUF DE POULE

A poids égal, l'œuf de cane est plus nourrissant que l'œuf de poule. Il contient 4 % en plus de matières azotées, 3 % en plus d'huile et de graisses. Sa coquille est plus légère.

100 kg d'œufs de cane contiennent :	100 kg. d'œufs de poules contiennent :
15 k. 650 de mat. az.;	14 k. 310 de M. A.;
33 k. 260 de M. G. et H. C.;	30 k. de M. G. et H. C.;
41 k. 125 d'eau ;	44 k. 500 d'eau ;
10 k. 550 de coquilles.	11 k. 190 de coquilles.

Enfin les canes font leur mue plus tôt que les poules, c'est-à-dire donnent moins d'œufs au moment où ils sont meilleur marché et davantage lorsqu'ils sont chers.

Voilà de bonnes raisons qui plaident pour la production et la consommation de tels œufs.

QUELLE RACE CHOISIR

Trois races de canes pondent abondamment. Ce sont les Khakis Campbells, les Coureurs Indiens, les Orpingtons.

Les Khakis Campbells. — Le Khaki Campbell est originaire d'Angleterre. Le canard sauvage et le coureur indien ont été employés dans sa « fabrication ». Il est donc très rustique et très prolifique. Le mâle a le plumage fauve foncé, sauf la tête et le sternum qui sont d'un beau vert bronzé. L'introduction de sang coureur indien fait qu'on rencontre parfois des taches blanches.

La cane est entièrement fauve foncé, avec, parfois, les mêmes irrégularités. Les Khakis Campbells n'ont pas besoin d'eau. L'Elevage est très facile et peut se faire toute l'année. Le caneton se prête volontiers à l'engraissement que l'on commencera à 8 semaines pour procéder au sacrifice vers 11 semaines. Comme pour toutes les races de canards, il est très désavantageux de le poursuivre plus longtemps, la croissance de la plume causant dans le développement un arrêt pendant lequel le canard continue de coûter sans rien produire. A cet âge les Khakis Campbells atteignent 4 livres : L'utilisation des canards en surnombre est donc très facile. Les adultes pèsent 5 livres. Le Khaki Campbell présente sur le Coureur Indien cette particularité qu'il est moins sauvage que ce dernier, que par conséquent sa ponte est très souvent plus régulière. Ses œufs sont tous blancs et pèsent de 55 à 70 gr. Enfin, si des unités coureurs indiens ont produit des records de ponte plus élevés que ne l'ont fait des Khakis Campbells, les *moyennes de ponte* des Khakis sont toujours plus élevée, *et celle de 200 œufs par tête et par an est très facile à réaliser.*

Les Coureurs Indiens. — Aussi précoces, aussi prolifiques que les Khakis Campbells, comme ces derniers ils se passent très facilement d'eau en toutes circonstances. Ils sont moins volumineux cependant et demandent plus de terrain. Leurs œufs ne sont pas toujours blancs. De plus, leur caractère farouche, les peurs subites et souvent sans cause dont ils sont victimes, font qu'au point de vue industriel les Khakis Campbells doivent leur être préférés.

Il y a quatre sortes principales de Coureurs Indiens : Le blanc, le blanc et fauve, le fauve et le noir.

Le Coureur Indien est un oiseau élancé, en forme de fuseau. Les aviculteurs sportifs en ont fait un oiseau en forme de bouteille. La tête est fine, plutôt plate, le bec long, droit, large à la base, son bord supérieur est dans la prolongation du crâne ; l'œil est haut, vif, plein, châtain, brillant. Le cou est long, svelte, sa longueur est égale à la moitié de celle du corps et il doit être aussi mince que possible. Les sujets d'utilité sont plus massifs et moins droits, ils ont l'abdomen volumineux. Le poids des Coureurs Indiens est de 3 à 4 livres.

Les Orpingtons. — L'Orpington est une création anglaise qui aurait eu le succès des Khakis Campbells si la race avait autant de qualités pratiques. Comme rusticité et poids il est l'égal du Khaki Campbell. On doit cependant lui reprocher la couleur verdâtre de presque tous ou de tous ses œufs ainsi que la dificulté qu'a l'aviculteur d'obtenir des oiseaux au plumage conforme au standart. La tête est fine et de forme ovale ; le bec moyen, de couleur orange, l'œil très éveillé, brun à pupille bleue. Le corps est fauve, mais le mâle a la tête et la partie antérieure du cou très foncés. Le canard Orpington peut se passer d'eau.

UN ETABLISSEMENT INDUSTRIEL

POUR LA PRODUCTION DE L'ŒUF DE CANE

Nous devons ici compter que les canes seront conservées pendant 4 années ; c'est-à-dire que le troupeau des pondeuses n'est à renouveler que par quart tous les ans. Renouvelons-en le tiers pour avoir un certain nombre de sujets destinés à remplacer les mauvaises pondeuses que la palpation ou le nid-trappe nous fera découvrir.

Soit un établissement de 1.000 canes pondeuses. Ces 1.000 canes peuvent être logées dans 10 poulaillers de 100 sujets, chacun de ces poulaillers étant en bordure d'un terrain de 3.000 m2, divisé en 2 parquets afin que nous en ayons un de rechange.

Nous devons élever chaque année 300 jeunes canes. Pour cela nous devons mettre 1.500 œufs en incubation. Ces 1.500 œufs peuvent être produits par les 100 canes de l'une des canardières ou par 15 troupeaux de reproducteurs de 7 + 1. Ces reproducteurs donneront 50 œufs par jour, en 4 jours 200 œufs d'où nous tirerons un minimum de 100 canetons. Comme nous devons en élever 600, nous en produisons 700 : Les incubations durent 1 mois environ. Nous devons avoir une salle d'Elevage à 7 cases, conditionnée comme l'est celle de l'Etablissement producteur de canards pour la table. A 28 jours nos canetons vont dans des canardières colonies, au nombre de 7 également. Mais à 10 semaines les mâles sont enlevés et dirigés vers la vente immédiate. Il ne deste, dans chaque bâtiment qu'une cinquantaine de canes. Leur parquet est de 30 m2 par tête, soit en tout 90 ares. Comme bâtiments pour ces sujets, des huttes de grillage recouvertes de rubéroïd sont suffisantes. Vous pouvez aussi économiser beaucoup en supprimant la poussinière, en élevant dans vos poulaillers-colonies alors mieux conditionnés. La nourriture des reproducteurs et des pondeuses, celle des sujets d'Elevage est la même que celle donnée dans l'Etablissement producteur de chair, on devra cependant diminuer la quantité de farine d'orge de moitié lorsque les sujets ont atteint 12 semaines. Comme grain ne donnez alors que de l'avoine. Germée elle donnera de meilleurs résultats que sèche. Comptez environ 50 à 60 gr. de pâtée par pondeuse et 60 à 70 gr. de grain. Observez les modifications des quantités de grain suivant les saisons, c'est-à-dire diminuez ces quantités au fur et à mesure que les chaleurs de l'été se font sentir. Vous pourrez avantageusement employer la lumière artificielle en hiver, sous forme d'éclairage, d'un repas supplémentaire de grains la nuit.

NOTA. — Les mâles se reconnaissent très tôt des femelles à leur cri : Celui des canes est plus clair que celui des mâles.

MALADIES

Nous avons dit que les maladies des canards sont plus rares et souvent moins graves que celles qui peut atteindre les gallinacés.

Les soins d'hygiène doivent cependant ne pas être omis. Les dallages des canardières doivent être lavés à grande eau aussi souvent que possible, les claies nettoyées au balai-brosse et désinfectées. Les parcours ne doivent pas être trop souillés car la fiente des canards a tôt fait de tuer l'herbe : Aussi avons-nous préconisé les doubles parcours. La désinfection de l'eau de boisson, celle des ustensiles et des locaux, ainsi que le choix d'aliments bien sains, doivent être pratiqués.

Les maladies qui frappent surtout les canards sont les suivantes :

La diarrhée, l'anémie, les rhumatismes, les vers intestinaux, l'empoisonnement, l'ophtalmie, la diphtérie, le tournis, l'insolation.

La Diarrhée est assez fréquente. On l'évite en employant le charbon de bois et le riz ; on la guérit par une purgation légère, puis par une alimentation moins aqueuse et des distributions de grains secs. On peut également employer le cachou à la dose de 20 gr. par litre d'eau de boisson.

L'anémie. — Cette maladie a pour cause une mauvaise alimentation. Donnez des pâtées plus riches, des grains et ajoutez aux rations une cuillerée d'huile de foie de morue par 10 sujets.

Les Rhumatismes et la Goutte attaquent surtout les jeunes à la suite de stations prolongées sur une litière humide ou une aire de ciment, de sorties sous la pluie ou dans la rosée. Mettez 5 gr. de bicarbonate de soude par litre d'eau de boisson afin d'éviter l'accumulation d'acide urique dans les articulations ; forcez sur la verdure.

La boiterie peut être occasionnée par des affections intestinales : Il y a lieu de diminuer ou de supprimer la viande et d'augmenter le charbon de bois et la verdure.

Les vers intestinaux, dont on trouve des traces dans les déjections, sont combattus à l'aide d'extrait éthéré de fougère mâle.

L'empoisonnement est assez fréquent si les canards trouvent des herbes vénéneuses dans leur parcours. L'empoisonnement est caractérisé par l'attitude d'animaux en état d'ivresse : Marche en tous sens, les ailes déployées, etc... Faire absorber du lait tiède.

L'ophtalmie est caractérisée par les pleurs, les yeux sensibles et rouges. Elle se guérit par l'instillation dans l'œil de quelques gouttes de collargol à 1 %.

La diphtérie très rare chez les palmipèdes est visible ; elle se traite comme celle des gallinacés.

Tournis ou *Vertige*. — L'oiseau tourne sur lui-même et marche en zig-zag. Un séjour trop prolongé au soleil en est la cause. Il faut se rappeler que les canards sont très sujets aux insolatoins et que même lorsque l'insolation ne se produit pas les rayons affaiblissent considérablement les tous jeunes palmipèdes, au point qu'un jeune caneton qui dort au soleil est un caneton en danger de mort.

Evitez par conséquent de laisser pénétrer les rayons directs d'un chaud soleil à l'intérieur des salles d'Elevage et ménagez des abris protecteurs dans les parquets.

En cas d'insolation, le seul remède efficace consiste dans la saignée à la veine humérale.

IMPRIMERIE MODERNE
CHATEAU-THIERRY

www.ingramcontent.com/pod-product-compliance
Ingram Content Group UK Ltd.
Pitfield, Milton Keynes, MK11 3LW, UK
UKHW021528260726
13993UKWH00004B/1881